SITZUNGSBERICHTE DER SÄCHSISCHEN AKADEMIE
DER WISSENSCHAFTEN ZU LEIPZIG

*Mathematisch-naturwissenschaftliche Klasse*
*Band 111 · Heft 6*

*HERMANN BERG*

# PHOTOPOLAROGRAPHIE UND PHOTODYNAMIE

Mit 2 Abbildungen und 2 Tabellen

AKADEMIE-VERLAG · BERLIN
1975

Vorgetragen in der Sitzung vom 29. Mai 1972
Manuskript eingeliefert am 11. Dezember 1974
Druckfertig erklärt am 11. August 1975

Erschienen im Akademie-Verlag, 108 Berlin, Leipziger Straße 3—4

Lizenznummer: 202 · 100/576/75
Gesamtherstellung: VEB Druckhaus „Maxim Gorki", 74 Altenburg
Bestellnummer: 762 183 2 (2027/111/6) · LSV 1215
Printed in GDR
EVP 3,— M

# INHALT

# Einleitung

Lichtreaktionen in der Elektrochemie und in der Biologie scheinen, vom Phänomen her betrachtet, keine Beziehungen untereinander zu haben. So entwickelten sich beide Richtungen seit dem vorigen Jahrhundert getrennt voneinander. Die Ideen von Johann Wilhelm RITTER [1], der 1795 bis 1804 als Angehöriger der Universität und der Naturforschenden Gesellschaft zu Jena wirkte, über den Zusammenhang zwischen Galvanismus und Lichterscheinungen sind in Vergessenheit geraten. Nur wenigen ist noch bekannt, daß er 1801 das ultraviolette Licht entdeckte, und zwar aus der Dunkelfärbung von Hornsilber, also auf Grund einer elektrochemischen Reaktion. Eine weitere experimentelle Entdeckung gelang erst 40 Jahre später Edmond BECQUEREL [2], als er Licht auf Elektroden einwirken ließ. Diese Potentialänderungen bei Belichtung werden seither — beiläufig dem Gründungsjahr unserer Akademie — als BECQUEREL-Effekt bezeichnet. Fortschritte in andereren Richtungen erfolgten erst in unserem Jahrhundert, nachdem die Photochemie einen starken Aufschwung erlebt hatte.

1915 stellte TRÜMPLER [3] bei der Verfolgung von Photoreaktionen fest, daß sich dabei Redoxgleichgewichte in der Lösung verschieben können und Redoxpotentiale verändert werden.

1931 belichtete BOWDEN [4] blanke Platinelektroden in Säurelösungen. Er stellte während intensiver Belichtung aus Strom-Spannungskurven eine deutliche Erniedrigung der Wasserstoffüberspannung fest. Daraus glaubte er schließen zu können, daß die Lichtenergie zu einer Beschleunigung des als gehemmt angesehenen Elektrodenprozesses führt.

Neben Metallelektroden wurden von VOLMER 1932 auch schon Halbleiter eingesetzt, deren Bedeutung für Elektronenübergänge mit angeregten Molekülen erst in den letzten Jahren erkannt wurde.

In der Biologie sind künstliche Lichtwirkungen auf Lebewesen zwar schon in früheren Jahrhunderten beobachtet worden, aber die Erkennung des photodynamischen Effektes erfolgte erst um die Jahrhundertwende bei Belichtung von Acridinfarbstoffen. Heute versteht man unter dem Begriff „Photodynamie" Lichteffekte unter Vermittlung eines Farbstoffsensibilisators auf lebende Zellen oder ihre Bestandteile unter Mitwirkung von Sauerstoff. Hierbei spielen Zustände des Sensibilisators eine zentrale Rolle für den Mechanismus, an dessen Aufklärung die Photopolarographie entscheidenden Anteil hatte. Die Photopolarographie entstand aus Beobachtungen der Stromänderungen der Quecksilbertropfelektrode unter intensiver Belichtung [15]. Seit Ende der fünfziger Jahre entwickelte sich ein System der Lichteffekte auf Elektrodenprozesse, was heute sich zu einer allgemeinen Photoelektrochemie zu erweitern beginnt.

## 1. Grundlagen der Photopolarographie

### 1.1. Entwicklung

Der systematische Ausbau der Photopolarographie im speziellen und der Photoelektrochemie im allgemeinen hat erst ab 1960 begonnen, und zwar in zwei Richtungen

*a)* Analyse von Elektrodenprozessen bei Belichtung der Elektrode in nichtabsorbierenden Lösungen,

*b)* Verfolgung von schnellen Photoreaktionen und Elektrodenprozessen in absorbierenden Lösungen.

Zunächst wurde die Quecksilberelektrode verwendet, und zwar im Jenaer Laboratorium [5, 6, 7, 8, 9, 10, 11] überwiegend in Richtung *b*). Die Arbeitsgruppe von BARKER [12] und DELAHAY [13] konzentrierte sich ausschließlich auf *a*). Zum 14. CITCE Meeting 1963 wurden von H. BERG [14] einerseits und G. BARKER [15] andererseits die ersten Hypothesen über lichtelektrische Elektronenemission in die Lösung entwickelt, wodurch die älteren Vorstellungen [4] über die Beschleunigung einzelner Elektrodenprozesse abgelöst wurden. Später leisteten M. HEYROVSKÝ [16, 17], D. SCHIFFRIN et al. [18], R. DURST und J. TAYLOR [19], S. PERONE und J. BIRK [20], R. DE LEVIE und J. KREUSER [21], A. FRUMKIN [22], Y. PLESKOW und Z. ROTENBERG [23] wesentliche Beiträge.

Heute gibt es größere Gruppen, vor allem in der SU: A. BRODSKIJ [24], Y. GUREVIČ, S. SHEBERSTOV sowie L. KORSUNOV, J. ZOLOTOVICKIJ und V. BENDERSKIJ [25]. Weiterhin sind hervorzuheben die Schulen von H. GERISCHER [26, 27], V. VESELOVSKI [28] u. a., welche die Halbleiterelektroden einbezogen haben, um nur einige Repräsentanten zu nennen.

Nunmehr lassen sich gegenüber der Elektrolumineszenz [45] die Photopolarographie und die Photoelektrochemie dadurch umschreiben, daß die Effekte sichtbaren und ultravioletten Lichtes auf ein elektrochemisches System analysiert werden. Im einfachsten Fall handelt es sich dabei um eine polarisierbare gleichmäßig ausgeleuchtete (Arbeits-)Elektrode, eine Elektrolytlösung und eine im Dunkeln verbleibende unpolarisierbare Gegenelektrode. Bei Verwendung speziell einer Quecksilbertropfelektrode nach HEYROVSKÝ spricht man von der Photopolarographie, womit bisher die grundlegenden Ergebnisse erzielt worden sind.

## 1.2. Wichtigste Erscheinungen der Photopolarographie

*Photoreststrom (Photostrom):* Strom, der bei Beleuchtung einer polarisierten Elektrode in reiner Elektrolytlösung gemessen wird. Er entsteht durch Emission, Tunnelung, Diffusion oder Absorption von Elektronen oder ihren Solvaten.

*Photodepolarisator:* Durch eine Photoreaktion entstandener Depolarisator, der unmittelbar darauf an einem Elektronenaustausch teilnimmt. Wir unterscheiden zwei Arten:

Der angeregte Depolarisator $A_\nu^*$; er entsteht

$$A \xrightarrow{h\nu} A_\nu^* \quad \text{und reagiert nach} \tag{1}$$

$$A_\nu^* + e^- \rightarrow A^- \text{ oder} \tag{2}$$

$$A_\nu^* \rightarrow A^+ + e^- \tag{3}$$

an der Elektrode.

Der Photoradikaldepolarisator $\dot{A}_\nu^-$

$$A + RH \xrightarrow{h\nu} \dot{A}_\nu^- + \dot{R}H^+ \tag{4}$$

$$\dot{A}_\nu^- \rightarrow A + e^- \quad \text{(Elektrode)} \tag{5}$$

Die gleichen Photodepolarisatoren spielen auch in der Photochemie eine wesentliche Rolle. Daher sind sie auch das Bindeglied zwischen Photopolarographie und Photodynamie. Die Elektronenaustauschreaktionen (2) und (3) bezeichnen wir als Photodurchtrittsreaktionen, die gegenüber dem üblichen nichtangeregten Depolarisator $A$ in einem anderen Potentialbereich ablaufen: z. B. $E_{A_\nu*} > E_A$ bei Elektronenaufnahme.

Allgemein definieren wir als

*Photodurchtrittsreaktionen:* solche Elektronenübergänge zwischen Depolarisator und Katode, bei denen einer oder beide Partner durch Lichtabsorption angeregt sind.

*Photoreaktionsbedingte Diffusionsströme:* Ströme, die durch eine Photoreaktion in der Gesamtlösung und in der Diffusionsschicht gleichartig verändert werden. Damit lassen sich Geschwindigkeitskonstanten einer Anzahl langsamer Reaktionen bis in den Millisekundenbereich messen.

*Photokinetische Ströme:* durch eine nur in der Diffusions- und (oder) Adsorptionsschicht verlaufenden Photoreaktion bedingte Ströme. Daraus sind bestimmte mittelschnelle Reaktionen im Mikrosekundenbereich bestimmbar geworden.

In allen vorgestellten Fällen bringt die Lichteinwirkung in Abhängigkeit von Wellenlänge und Intensität neuartige Phänomene hervor, generiert hydratisierte Elektronen und ermöglicht durch Störung von Elektrodenreaktionen tiefere Einsichten in die Elementarprozesse an Grenzflächen von Metallen und Halbleitern.

## 2. Grundlagen der Photodynamie

Ebenfalls an Oberflächen sowie in Lösungen wird die Photodynamie wirksam, allerdings stehen biochemische und biologische Systeme dabei im Mittelpunkt. Der photodynamische Effekt wurde 1867 durch den Studenten O. RAAB [29] entdeckt, indem er sichtbares Licht, Luftsauerstoff und Acridinfarbstoffe gleichzeitig auf Protozoen einwirken ließ, wobei eine dosisabhängige Abtötung erzielt wurde. Heute versteht man unter Photodynamie das Zusammenwirken von Sensibilisatoren, Licht und Sauerstoff auf Lebewesen und Biomoleküle, woraus eine Schädigung von deren Funktionen resultiert. Da auch unter natürlichen Bedingungen ein solcher Effekt letale Folgen haben kann, sind im Laufe der Evolution schnellwirkende Reparaturenzyme entstanden, die, beginnend an der Desoxyribonucleinsäure, die Funktionsfähigkeit des Organismus wiederherstellen.

Photodynamische Inaktivierungen sind vor allem bei Phagen, Viren, Bakterien, Hefen, Tumorzellen in vitro und in vivo studiert worden. Bei Viren läßt sich deren Nucleinsäure selektiv schädigen [30] und nach Entfernung des Farbstoffes Vakzine gewinnen. Bei Hauttumoren der weißen Maus sind mit Methylenblau und Thiopyronin als Sensibilisatoren signifikante Heilungen [31] erzielt worden. Diesen medizinisch-biologischen Wirkungen liegen Photooxydationen von Biopolymeren u. a. Zellinhaltsstoffen zugrunde. Daher interessieren die molekularen Mechanismen photodynamischer Effekte [32]. Beginnend 1903 durch TAPPEINER, RAABS Lehrer, wurden die Enzyme Papain, Invertase und Diastase mittels Eosinbelichtung inaktiviert. Inzwischen kennt man die chemischen und biologischen Veränderungen bei Oxydoreduktasen, Transferasen, Hydrolasen, Lyasen, Isomerasen, Ligasen, Hormonen, Antikörpern, Serumproteinen, Caseinen, Collagenen, Cytochromen, Hämoglobinen, Myoglobin, bakteriellen Toxinen usw. Relativ spät kamen die Nucleinsäuren und ihre Bausteine in den Blickpunkt, indem SIMON und VAN VUNAKIS [33] 1963 die Zerstörung von Guanin durch Methylenblau aus der chemischen Basenanalyse feststellten. Weiterhin gelang es durch Einsatz von Flavinfarbstoffen auch das Adenin zu photooxydieren, aber die Vielfalt der Proteindegradationen wurde bei weitem nicht erreicht. Ehe wir die einfacheren Verhältnisse bei den Nucleinsäuren mit Hilfe der Polarographie zu klären versuchen, gilt es, den Mechanismus der Photodynamie kennenzulernen. In den meisten Fällen ist der Sensibilisatorfarbstoff $F$ an das Donatorsubstrat DH komplex in bestimmter Weise gebunden, aber immer steht am Anfang die Lichtanregung:

$$F \xrightarrow{h\nu} {}^1F \rightarrow {}^3F \quad (6)$$

der möglichen chemischen Prozesse:)*

Peroxidbildung

$${}^3F + O_2 \rightarrow F\mathrm{O\dot{O}} \quad (7)$$

$$F\mathrm{O\dot{O}} + D\mathrm{H} \rightarrow DO_2 + \dot{F}\mathrm{H} \quad (8)$$

Energieübertragung

$${}^3F + D\mathrm{H} \rightarrow {}^3D\mathrm{H} + F \quad (9)$$

$${}^3D\mathrm{H} + O_2 \rightarrow \dot{D}^+ + \mathrm{H\dot{O}_2} \quad (10)$$

Sauerstoffanregung

$${}^3F + O_2 \rightarrow {}^1O_2 + F \quad (11)$$

$${}^1O_2 + D\mathrm{H} \rightarrow \dot{D}^+ + \mathrm{H\dot{O}_2} \quad (12)$$

direkte Wasserstoffabspaltung und Reoxydation

$${}^3F + D\mathrm{H} \rightarrow \dot{F}\mathrm{H} + \dot{D}^+ \quad (13)$$

$$\dot{F}\mathrm{H} + O_2 \rightarrow F + \mathrm{H\dot{O}_2} \quad (14)$$

$$\dot{D}^+ + O_2 \rightarrow DO_2 \rightarrow \text{Abbauprodukte} \quad (15)$$

*) ${}^1O_2$, ${}^1F$ Singlett; ${}^3F$ Triplett; $\dot{F}^+$, $\dot{F}\mathrm{H}$, $\dot{D}^+$, $\mathrm{H\dot{O}_2}$, $F\mathrm{O\dot{O}}$ Radikale

Die Entscheidung gelingt am sichersten, wenn die Reaktion (6) durch einen intensiven Blitz einer Halbwertszeit von etwa 10 μs gestartet wird, wonach bei charakteristischen Wellenlängen zwei der Radikale an einem Schnellspektrometer registriert werden [34]. Unter Verwendung von Thiopyronin oder Methylenblau als Sensibilisatoren $F$ und Guanosin als Sub-

Tabelle 1

Sensibilisatoren und ihre Oxydationspotentiale $E_F$ gegen die Normalsulfatelektrode bei pH 6,5, gemessen mit einer stationären Kohlepasteelektrode [39]

| Sensibilisator | Strukturformel | $E_F$ [Volt] |
|---|---|---|
| Acridinorange | 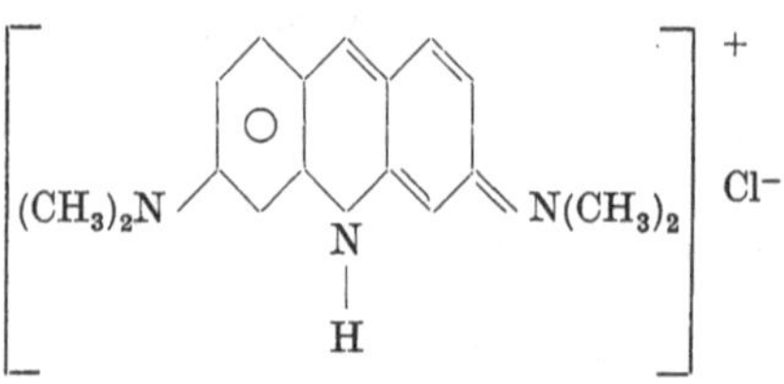 | 0,7 |
| Methylenblau | 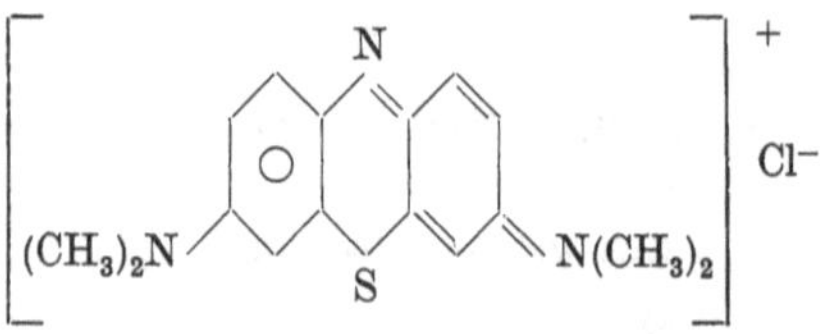 | 0,9 |
| Thiopyronin | 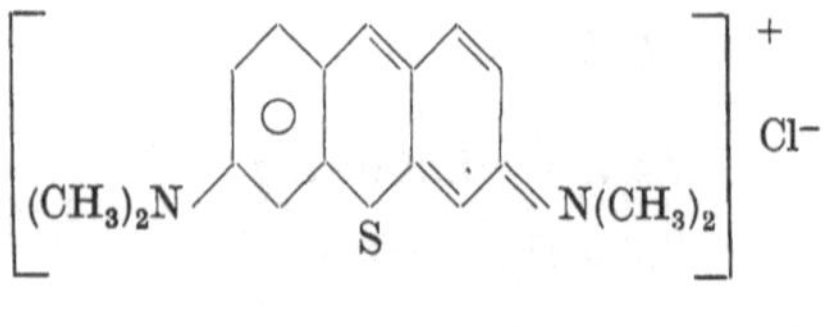 | 0,95 |
| Bismethylanilido-trimethin-cyanin-perchlorat | 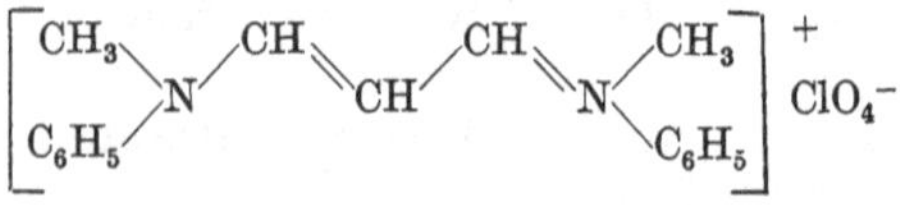 | 1,2 |

strat $DH_G$ ergaben sich aus unseren blitzspektroskopischen Messungen: Die Lebensdauer der Triplettzustände $^3F_T$ und $^3F_M$ wird in Gegenwart von $DH_G$ nicht verändert, also scheiden die Mechanismen (9) und (13) aus. Eine erhöhte Weiterreaktion konnte nur für die oxydierten Radikale $\dot{F}_T^{+}$ und $\dot{F}_M^{+}$ gefunden werden, und zwar auch in Abwesenheit von Sauerstoff, wodurch die Mechanismen (7) und (11) ebenfalls nicht zur Erklärung dienen können. Wir schlagen daher aus kinetischen Daten folgenden vereinfachten Mechanismus vor:

Radikalreduktion [34]

$$^3F + F \rightarrow 2F \qquad \Big\} \; k = 7{,}7 \cdot 10^8\, l\mathrm{mol}^{-1}\mathrm{s}^{-1} \qquad (16\mathrm{a})$$

$$^3F + F \rightarrow \dot{F}^- + \dot{F}^+ \qquad (16\mathrm{b})$$

$$\mathrm{H}^3F + \mathrm{O}_2 \rightarrow \dot{F}^+ + \mathrm{O}_2^- \qquad (17)$$

$$\dot{F}^+ + D\mathrm{H}_G \rightarrow F + \dot{D}\mathrm{H}_G^+ \qquad k = 3{,}8 \cdot 10^6\, l\mathrm{mol}^{-1}\mathrm{s}^{-1} \qquad (18)$$

$$\dot{F}^+ \rightarrow \mathrm{P} \qquad k = 3{,}1 \cdot 10^3\, \mathrm{s}^{-1} \qquad (19)$$

$$2\dot{F}^- + 2\mathrm{H}^+ \rightarrow F + \mathrm{FH}_2 \qquad k = 1{,}7 \cdot 10^9\, l\mathrm{mol}^{-1}\mathrm{s}^{-1} \qquad (20)$$

$$\mathrm{P} + F\mathrm{H}_2 \rightarrow 2F \qquad (21)$$

Wichtig sind die Bildungsreaktionen (16b) und (17) von $\dot{F}^+$ und entscheidend seine Weiterreaktion (18) mit dem Guanosin als Donator. Das andere Radikal $\dot{F}$H disproportioniert schneller (20). Ein in seiner Struktur unbekanntes Zwischenprodukt taucht vorübergehend auf: (19) und (21).

## 3. Wechselbeziehungen und Gemeinsamkeiten

Bis zu diesem Zeitpunkt (1972) hatten wir uns — gemäß der Schlüsselsubstanz $^3F$ der älteren Mechanismen (vgl. 5.9) — mittels der Photopolarographie bemüht, das Reduktionspotential $E_{^3F}$ der Elektrodenreaktion

$$^3F + 1e^- + 1\mathrm{H}^+ \rightleftharpoons \dot{F}\mathrm{H} \qquad (22)$$

mit dem Photodepolarisator $A_v^* \equiv {}^3F$ direkt zu messen. Dieser Wert $E_{^3F}$ besitzt große Bedeutung für die energetische Analyse von allen Photoreaktionen, die von Triplettzuständen oder auch von Singlettzuständen ausgehen, z. B. der Elektronenfluß bei der Photosynthese durch angeregte Chlorophylle. Es läßt sich damit voraussagen, von welchen Elektronendonatoren $D$H der $^3F$-Zustand noch reduziert werden kann, und zwar auf Grund einer linearen freien Energiebeziehung [35]. Diese funktioniert allgemein für den gekoppelten Redoxvorgang mit dem gleichen Akzeptor $F$

$$^3F + (D\mathrm{H})_n \underset{k_2}{\overset{\mathrm{K}\; k_1}{\rightleftharpoons}} \dot{F}\mathrm{H} + (\dot{D}^+)_n \qquad (23)$$

bei einer Reihe von $n$ Donatoren $D$H ähnlicher Konstitution. Für den Fall der Potentialdifferenz ($E_F > E_{(DH)_n}$) gilt die lineare freie Energiebeziehung

$$\log K = B[E_{(DH)_n} - E_{(DH)_{n-1}}]. \tag{24}$$

Günstige Fälle genügen bei schrittweise gehemmter Rückreaktion $k_2$ und teilweise Irreversibilität von $E_{(DH)_n}$

$$\Delta \log k_1 = B'[E_{(DH)_n} - E_{(DH)_{n-1}}]. \tag{25}$$

Unsere Anstrengungen, $E_{^3F}$ an der Quecksilberelektrode für intensiv belichtete Sensibilisatoren zu bestimmen, scheiterten aus prinzipiellen Gründen. Diese erlauben eine Messung des Potentials von Gl. (22) nur in dem Spezialfall:

$$(^3F)_{ads.} + e^- \rightarrow (\dot{F}^-)_{ads.}, \tag{26}$$

d. h. bei irreversibler Elektronenaufnahme aus dem angeregten adsorbierten Zustand des Akzeptors bzw. der Elektronenabgabe des Donators. An Halbleiterelektroden dagegen gelang die Reduktionspotentialbestimmung zuerst bei angeregtem Rubren und Pyren [36], später auch mit Farbstoffen im Laboratorium von H. GERISCHER [27]. Erwartungsgemäß liegt das Reduktionspotential angeregter Elektronenakzeptoren wegen ihres unbesetzten niedrigsten Orbitals um etwa 1 Volt positiver als das des Grundzustandes, der üblicherweise bei elektrochemischen Untersuchungen vorliegt.

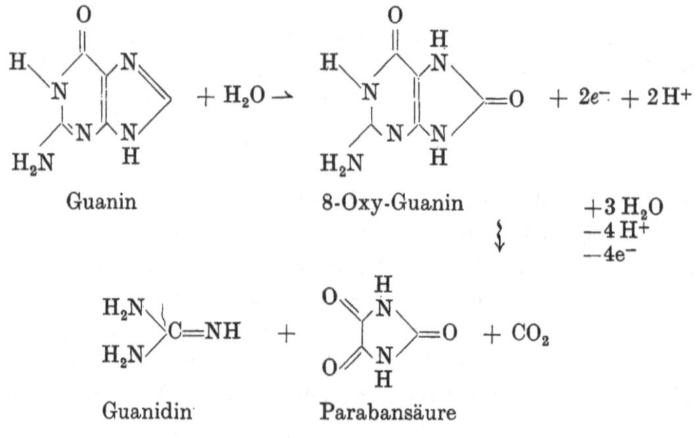


*Abb. 1:* Vereinfachter Oxydationsverlauf von Guanin an Festelektroden nach DRYHURST und ELVING. Dieselben Endprodukte entstehen durch Photooxidation.

Ein ähnliches Ergebnis folgt auch aus spektroskopischen Überlegungen [37]. Da die Halbleitermethode einen Aufwand an Elektroden mit abgestuften Bandniveaus erfordert, haben wir ein indirektes Verfahren angewendet, daß auf J. B. Conant (1924) zurückgeht und apparent reduction or oxidation potentials nach dem Eingabelungsprinzip liefert. Dazu benötigt man eine Reihe verschiedenartig substituierter Donatoren $(DH)_n$, deren Oxydationspotentiale (Tab. 2) polarographisch unter Verwendung von Platin- oder Graphitelektroden bestimmt werden (Abb. 1).

Nun wird der Sensibilisatorakzeptor $F$ mit diesen Donatoren einzeln in Abwesenheit von Sauerstoff zur Photoreaktion gebracht und die Bildungsgeschwindigkeit $k_1$ z. B. von $\dot{D}^+$ gemessen werden. Mit steigendem Oxydationspotential von $D$H muß $k_1$ abnehmen und schließlich gegen Null tendieren. Das Reduktionspotential von $^1F$, $^3F$ oder $\dot{F}^+$ — je nach Indikation durch die Kurzzeitspektroskopie — liegt dann zwischen den beiden positivsten Endgliedern der Donatorenreihe. Allgemein sind drei Fälle [34, 38] zu unterscheiden:

1. Liegt das Oxydationspotential von $D$H beträchtlich negativer als das Reduktionspotential von $^3F$, dann wird $^3F$ abgefangen nach Gl. (13).

2. Liegt das Oxydationspotential von $D$H zwischen den Reduktionspotentialen von $^3F$ und vom positiveren $\dot{F}^+$, dann verläuft der Redoxvorgang nach Gl. (18).

3. Gilt $E_{DH} > E_{\dot{F}^+} > E_{^3F}$, dann erfolgt keine Photooxydation von $D$H.

Mit Methylenblau als $F$ gilt:

Fall 1 für die Donatoren Ascorbinsäure und EDTA,
Fall 2 für Allylthioharnstoff und Guanosin,
Fall 3 für Adenosin.

Eine ausführlichere Reihe wurde — basierend auf dieser Hypothese [34, 38] — von Kittler [39] gemessen (Abb. 2). Nach der Photokinetik sollten sich die Reduktionspotentiale der Radikale $\dot{F}^+$ von Acridinorange, Methylenblau und Thiopyronin zwischen den Oxydationspotentialen von Guanosin und Adenosin befinden. Weiterhin entdeckte Kittler einen neuartigen Sensibilisator, der nicht nur Guanin, sondern auch Adenin und Thymin zu photooxydieren vermag. Daher muß sein Radikal $\dot{F}^+$ ein weitaus positiveres Reduktionspotential besitzen als alle der bislang eingesetzten Sensibilisatoren. Diese Reihenfolge der Oxydierbarkeit der genannten Donatoren stimmt gut überein mit $MO$-Berechnungen von B. Pullman [40] des Energiekoeffizienten $\beta$ der höchsten besetzten Molekülbahn (s. Tab. 2).

Von Xanthosin zu Cytosin verringert sich die Oxydierbarkeit, d. h. das Oxydationspotential ist erhöht. Abgesehen vom $\beta$-Wert für Xanthosin,

Tabelle 2

Oxydationspotentiale [39] $E_{DH}$ bei pH 6,5, $\beta$-Werte [40] und Quantenausbeuten $\Phi$ der Photooxydation durch Lumiflavin [41] für Nucleinsäurebasen und die Vergleichssubstanz Xanthosin

| | $E_{DH}$(V) | $\beta$ | $\Phi$ (monophosphat) |
|---|---|---|---|
| Xanthosin | 0,80 | (0,44) | $1{,}65 \cdot 10^{-3}$ |
| Guanosin | 0,85 | 0,31 | $1{,}39 \cdot 10^{-3}$ |
| Adenosin | 0,95 | 0,49 | $0{,}24 \cdot 10^{-3}$ |
| Thymin | 1,05 | 0,51 | — |
| Cytosin | 1,20 | 0,60 | — |

ist erwartungsgemäß dieselbe Tendenz wie bei $E_{DH}$ erkennbar. Da $\Phi$ proportional der Konstante der Photoreaktion und damit über Gl. (25) mit $E_{DH}$ verbunden ist, sollte bei einer Verkleinerung von $(E_{\dot{F}^+} - E_{DH})$, d. h. wachsendem $E_{DH}$, auch die Quantenausbeute abnehmen, was durch Tab. 2 bestätigt wird.

Da dasselbe Radikal $\dot{F}^+$ nach

$$F \rightleftharpoons \dot{F}^+ + e^- \qquad (27)$$

auch an der Elektrode entstehen kann, und zwar zumeist reversibel, läßt sich das Oxydationspotential des Sensibilisators $E_F$ mit dem benötigten Reduktionspotential seines Radikals $\dot{F}^+$ gleichsetzen. Die Potentialwerte gemäß Gl. (27) stimmen in Abb. 2 mit obigen Voraussagen für Methylenblau, Thiopyronin und Bis-methylanilidotrimethin-cyanin-perchlorat überein, nicht dagegen bei Acridinorange. Hier bleibt zu klären, ob das auf Abweichungen vom Mechanismus beruht.

Aus Abb. 2 und der Lage der Reduktionspotentiale von Thiopyronin und Methylenblau sind noch weitere Schlüsse in bezug auf die Photokinetik und die höhere Effektivität des Thiopyronins gegenüber dem Methylenblau zu ziehen:

1. Das positivere Reduktionspotential von $\dot{F}_T^+$ gegenüber $\dot{F}_M^+$ begünstigt eine schnellere Reaktion mit dem Guanosin.

2. Das um 0,2 V negativere Oxydationspotential des Radikals $\dot{F}H_T$ gegenüber $\dot{F}H_M$ erhöht die Reoxydation zum Thiopyronin $F_T$ nach Gl. (14) beträchtlich.

Diese Ergebnisse lassen erwarten, daß bei gleichem Sensibilisator die Art der Oxydation des jeweiligen Donators in entscheidendem Maße von der

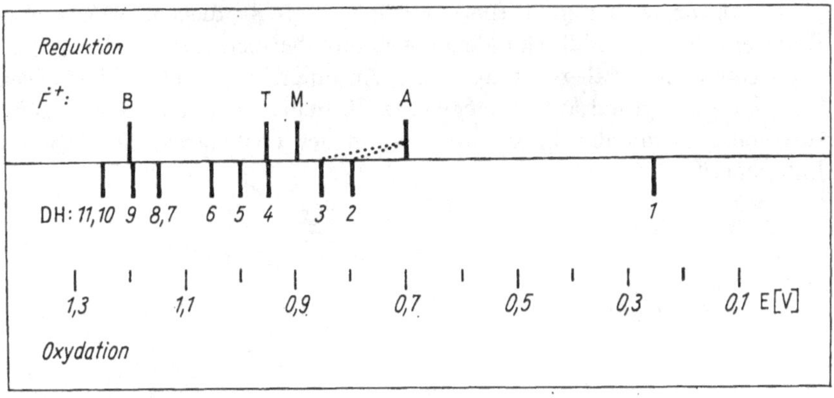


*Abb. 2:* Korrelation zwischen Redoxpotentialreihen von Sensibilisatorradikalen $\dot{F}^+$:
*A* — Acridinorange *T* — Thiopyronin
*M* — Methylenblau *B* — Bismethylanilidotrimethin-cyanin-perchlorat (vgl. Tab. 1)

und Donatoren *DH*:

1) Harnsäure
2) Xanthosin
3) Guanosin
4) Adenin
5) Hypoxanthin
6) Thymin
7) 5-Hydroxymethyl-cytosin
8) 7,9 Dimethylguanin
9) Cytosin
10) Urazil
11) Orotsäure

punktierte Linien von *A* bedeuten Oxydation von 2) und 3) durch $\dot{F}^+$ von *A*.

Lage seines Oxydationspotentials zum Reduktionspotential der Akzeptorform des ursprünglichen Sensibilisators abhängt. Diese in Jena aus der Photopolarographie entstandene elektrochemische Konzeption der Photodynamie wird unterstützt durch zahlreiche Donatorreaktionen mit angeregtem Eosin [42]. Sie erklärt weiterhin die Ergebnisse von Kramer [43] mit Thionin (*F*) und 9,10 Dimethylanthrazen (*D*H). Ohne Sauerstoff erfolgt ein direkter Wasserstoffübergang von *D*H → *F*. Ist jedoch Sauerstoff in hoher Konzentration und *D*H in niedriger zugegen, überträgt das angeregte Thionin seine Energie auf den Sauerstoff (Gl. 11), der das Substrat *D*H anschließend nach Gl. (12) oxydiert. Nur im ersten Fall ist unsere Potentialkonzeption gemäß Abb. 2 verwendbar. In Sauerstoffgegenwart muß stets die blitzspektroskopische Bilanz geprüft werden, ob der Singlettsauerstoff auch eine Rolle spielt.

Die weiteren Meßmöglichkeiten der Photopolarographie können zur Verfolgung der Radikalreaktionen z. B. Gl. (7), (13), (14) u. a. mittels der photoreaktionsbedingten Diffusionsströme (vgl. 8) dienen, sofern ihre Halbwertszeiten im Millisekundenbereich und darüber liegen [44].

In besonderen Fällen ist auch die Ausnutzung der photokinetischen Ströme (vgl. 8) grundsätzlich möglich, z. B. in der Kopplung von Gl. (16b), (18) und (20) mit der Elektrodenreaktion des Leukofarbstoffes $FH_2$ als Indikator:

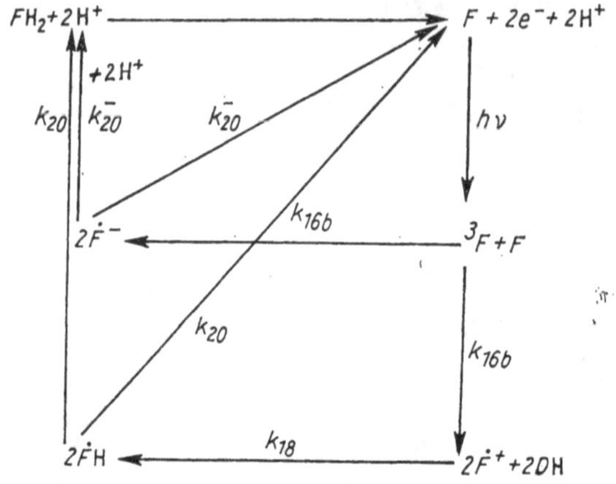


(28)

Hierbei erfolgen die Anregung sowie die Teilreaktionen $k_{18}$, $k_{16b}$, $k_{20}$, $k_{20}^{-}$, $k_{50}$ nur in der Diffusionsschicht, wobei etwa die folgenden Proportionen vorliegen

$$k_{20}^{-} : k_{16b} : k_{18} = 400:200:1 .$$

Der Anteil von $k_{18}$ und damit der Folgereaktion $k_{20}$ zur Nachlieferung von $FH_2$ für die Elektrodenreaktion sind zu vernachlässigen, so daß $k_{16b}$ zusammen mit $k_{20}^{-}$ für die Rückbildung von $FH_2$ verantwortlich sind und somit dessen kinetischen Strom bestimmen. Aus dessen Größe ist mittels einer modifizierten Berechnung nach KOUTECKY die Konstante $k_{16b}$ der Triplettreaktion zu gewinnen.

## Ausblick

Aus dem Dargelegten wird erkennbar, daß Photonen als Sonde bei Elektrodenvorgängen dienen können und umgekehrt Elektronen als Hilfsmittel zur Aufklärung bei Photoprozessen. Die daraus abgeleitete Potentialkonzeption bildet eine heuristische Grundlage unter Berücksichtigung dessen, daß der gleiche Sensibilisator je nach den photodynamischen Bedingungen auch einen zweiten Reaktionsweg bevorzugen kann, was in Zukunft manchen Autorenstreit über „den richtigen Mechanismus" überflüssig machen sollte. In diesem Zusammenhang darf erwähnt werden, daß zwischen Elektrochemie und Photochemie [46] noch eine zweite Brücke hergestellt wurde, indem bei bestimmten Elektrodenreaktionen angeregte Moleküle [45] entstehen, die Fluoreszenz oder Phosphoreszenzlicht aussenden, so daß die Elektrode bei Stromfluß aufleuchtet. Hiermit hat die Photoelektrochemie [47] (Photopolarographie) nun ihr Abbild in der sogenannten Elektrolumineszenz [45] erhalten. Beiden gemeinsam ist das angeregte Molekül im Elektronenaustausch mit der Elektrode. Darin darf man heute erste experimentelle Bestätigungen von Gedankengängen erblicken, die schon vor 175 Jahren der „romantische Physiker" in Jena mit den primitiven Geräten seiner Zeit zu verwirklichen trachtete [1].

„Es wird das Resultat einer größeren factischen Untersuchung, die Polarität der Chemie, der Electricität, des Magnetismus, der Wärme usw., ihren Principien nach aufzuzeigen als Eine und Dieselbe in allen.

Dies Eins und Alles in seiner reinsten freysten Erscheinung ist das Licht."

J. W. Ritter 1801

## LITERATUR


[1] RITTER, J. W., „*Beweis, daß ein beständiger Galvanismus den Lebensprozeß im Thierreich begleite.*" Weimar 1798

[2] BECQUEREL, E., Compt. Rend. hebd. Seances Acad. Sci. **9** (1839), 58, 145, 561, 711

[3] TRÜMPLER, G., Z. physik. Chem. (Leipzig) **90** (1915), 385

[4] BOWDEN, F., Trans. Farad. Soc. **27** (1931), 505

[5] BERG, H., Naturwissenschaften **47** (1960), 513

[6] BERG, H., und SCHWEISS, H., Monatsber. Deut. Akad. Wiss. Berlin, **2** (1960) 546; Referat 59. Bunsentagung Z. Elektrochem., **64** (1960), 1104

[7] BERG, H., und SCHWEISS, H., Nature, **191** (1961), 1270

[8] BERG, H., Z. Chem. **2** (1962), 237

[9] BERG, H., Polarographic Congress, Southampton 1964, Macmillan, London, 1964

[10] BERG, H., und GOLLMICK, F. A., Collection Czech. Chem. Commun., **30** (1965), 4192

[11] BERG, H., SCHWEISS, H., STUTTER, E., und WELLER, K., J. Electroanalyt. Chem. **15** (1967), 415; s. dort weitere Literatur

[12] BARKER, G., GARDENER, A., und SAMMON, D., J. Electrochem. Soc. **113** (1966), 1182

[13] DELAHAY, P., und SRINIVASAN, V., J. Phys. Chem. **70** (1966), 420

[14] BERG, H., und SCHWEISS, H., Electrochim. Acta **9** (1964), 425; „*Primäreffekte in der Photopolarographie*", 14. CITCE Meeting, Moskau, 1963 (Preprint)

[15] BARKER, G., und GARDENER, A., 14. CITCE Meeting, Moskau, 1963, Paper, präsentiert von H. NÜRNBERG

[16] HEYROVSKÝ, M., und NORRISH, R. G. W., Nature, **200** (1963), 880

[17] HEYROVSKÝ, M., III. Jenaer Symp., 1965, „*Elektrochemische Methoden und Prinzipien in der Molekular-Biologie*", Akademie-Verlag, Berlin, 1966, S. 409; Thesis, Cambridge, 1966

[18] BOMCHIL, G., SCHIFFRIN, D., und D'ALESSIO, J., J. Electroanalyt. Chem. **25** (1970), 107

[19] DURST, R. A., und TAYLOR, J. K., J. Res. Natl. Bur. Std. **A**, **69***A* (1965), 517

[20] PERONE, S. P., und BIRK, J. R., Anal. Chem. **38** (1966), 1589

[21] DE LEVIE, R., und KREUSER, J., J. Electroanalyt. Chem. **21** (1969), 221

[22] FRUMKIN, A. N., J. Electroanal. Chem., **9** (1965), 173

[23] PLESKOV, Y., und ROTENBERG, Z., J. Electroanalyt. Chem. **20** (1969), 1

[24] BRODSKY, A., GUREVIČ, Y., und SHEBERSTOV, J. Electroanalyt. Chem. **22** (1971), 353

[25] Korsunov, L., Zolotovicki, Z., und Benderski, V., Uspechi Chimi **40** (1971), 1511

[26] Tributsch, B., und Gerischer, H., Ber. Bunsenges. Phys. Chem. **73** (1969), 850

[27] Gerischer, H., Ber. Bunsenges. Phys. Chem. **77** (1973), 771

[28] Veselovski, V., Shub, D., und Pakhomov, V., Preprint, 22. Meeting of ISE, Dubrovnik, 1971, S. 159

[29] Raab, O., Z. Biol. **39** (1900), 524

[30] Hiatt, C., Federation Proc. **19** (1960), 405

[31] Jungstand, W., und Berg, H., studia biophysica **3** (1967), 225

[32] IV. Jenaer Symp. „*Molekulare Mechanismen photodynamischer Effekte*", studia biophysica **3** (1967)

[33] Simon, M., und Van Vunakis, H., J. Mol. Biol. **4** (1963), 488

[34] Gollmick, F. A., und Berg, H., Photochem. Photobiol. **11** (1972), 447

[35] Berg, H., Habilitationsschrift: „*Kinetik und Mechanismus der polarographischen, katalytischen und photoaktivierten Reduktion von Chinonen und Ketonen*", Jena, vorgelegt Dezember 1960

[36] Maricle, D. und Maurer, A., Chem. Phys. Letters **2** (1968), 602

[37] Löber, G., Electroanalyt. Chem. **11** (1966), 392

[38] Berg, H., und Gollmick, F. A., Abstracts of VI. Intern. Congr. on Photobiology, Bochum (1972), 6, Proceedings (1974) 6, Editor: G. O. Schenck

[39] Löber, G., und Kittler, L., studia biophysica **45** (1974), 175

[40] Pullman, B., in "*Molecular Biophysics A. P.*", New York (1965), S. 117

[41] Knowles, A., studia biophysica **3** (1967), 97

[42] Grossweiner, L., und Kepka, A., Photochem. Photobiol. **16** (1972), 305

[43] Kramer, H., und Maute, A., Abstracts of VI. Internat. Congr. on Photobiology, Bochum (1972), 61

[44] Stutter, E., Electroanalyt. Chem. **50** (1974), 315

[45] Kuwana, T., in A. Bard (*Ed.*) "*Electroanalyt. Chem.*", M. Dekker, New York (1966), 197

[46] Löber, G., und Kittler, L., studia biophysica **33** (1972) 81

[47] Brodskij, A., Gurewič, Y., Pleskow, Y., Rotenberg Z.: Aktuelle Photoelektrochemie, Photoemissionserscheinungen. V. Nauka, Moskau 1974, english edition: Plenum Press in print

# SITZUNGSBERICHTE DER SÄCHSISCHEN AKADEMIE DER WISSENSCHAFTEN ZU LEIPZIG

## MATHEMATISCH-NATURWISSENSCHAFTLICHE KLASSE

**Band 107**

Heft 1 Prof. Dr. OTT-HEINRICH KELLER, Die Homologiegruppen der Flächen 3. Ordnung
1965. 15 Seiten – 8° – M 2,30

Heft 2 Prof. Dr. FRANZ RUNGE, Grignard und die nach ihm benannte Synthese
1966. 17 Seiten – 3 Abbildungen – 8° – M 2,30

Heft 3 Prof. Dr. KARL SCHMALFUSS, Zur Kenntnis der Bodenbildung
1966. 13 Seiten – 4 Tabellen – 8° – M 1,40

Heft 4 Dr. BODO RENSCHUCH, Verallgemeinerungen des Bezoutschen Satzes
1966. 41 Seiten – 8° – M 4,50

Heft 5 Prof. Dr. med. ROLF EMMRICH, Realität und Theorie des Alterns
1966. 20 Seiten – 9 Abbildungen – 8° – M 2,60

Heft 6 Prof. Dr. WILHELM MAIER, Nichteuklidische Volumina
1967. 20 Seiten – 16 Abbildungen – 8° – M 2,80

Heft 7 Dr. LOTHAR VON WOLFERSDORF, Zur Berechnung optimaler Strategien für Spiele über dem Einheitsquadrat mit an der Hauptdiagonalen unstetigen Auszahlungsfunktionen
1968. 53 Seiten – 8° – M 5,70

**Band 108**

Heft 1 Prof. Dr. PAUL GÖRLICH / Dipl.-Phys. DETLEF GÜLDNER / Dr. HANS-JOACHIM POHL, „Elektronische Spektralmessung“ mit steuerbaren Photovervielfachern
1967. 12 Seiten – 9 Abbildungen – 1 Tabelle – 8° – M 2,10

Heft 2 Prof. Dr. MANFRED GERSCH, Neuroendokrinologie der Insekten
1968. 33 Seiten – 12 Abbildungen – 1 Kunstdrucktafel – 8° – M 4,–

Heft 3 Prof. Dr. HASSO ESSBACH, Die Bedeutung der Morphologie in der Heilkunde
1968. 16 Seiten – 1 Textabb. – 13 Abb. auf 8 Kunstdrucktaf., davon 11 vierfarbig – 8° – M 12,80

Heft 4 Prof. Dr. OTT-HEINRICH KELLER, Über eine Definition von S. Lefschetz in der topologischen Schnitttheorie 1969. 29 Seiten – 1 Abb. – 8° – M 4,20

Heft 5 Prof. Dr. WOLFGANG TUTSCHKE, Das Reziprozitätstheorem für eine Klasse pseudoholomorpher Funktionen mehrerer komplexer Variabler 1969. 19 Seiten – 8° – M 3,30

Heft 6 Prof. Dr. WALTER BREDNOW, Von Lavater zu Darwin
1969. 31 Seiten – 14 Abbildungen im Anhang – 8° – M 5,50

Heft 7 Prof. Dr. FRANZ RUNGE, Organische Disulfimide in Wissenschaft und Technik
1970. 24 Seiten – 2 Abbildungen – 8° – M 3,60

**Band 109**

Heft 1 Prof. Dr. ERICH RAMMLER, Über die Theorien der Braunkohlenbrikettentstehung
1970. 38 Seiten – 13 Abb., davon 2 auf 2 Tafeln – 8° – M 4,–

Heft 2 Prof. Dr. WOLFGANG TUTSCHKE, Stammfunktionen komplexwertiger Funktionen
1970. 20 Seiten – 8° – M 3,70

Heft 3 Dr. habil. GÜNTHER EISENREICH, Zur Syzygientheorie und Theorie des inversen Systems perfekter Ideale und Vektormodule in Polynomringen und Stellenringen
1970. 88 Seiten – 8° – M 10,80

Heft 4 Prof. Dr. med. ROLF EMMRICH, Hochdruck und Hyperlipidämie (Hypercholesterinämie) als Risikofaktoren für die Entstehung der Arteriosklerosen
1971. 23 Seiten – 10 Abbildungen – 4 Tabellen – 8° – M 3,90

Heft 5 Prof. Dr. HANS DRISCHEL, Biologische Rhythmen
1972. 57 Seiten – 31 Abbildungen – 1 Tabelle – 8° – M 6,60 (*vergriffen*)

Heft 6 Prof. Dr.-Ing. Dr. h. c. KURT SCHWABE, Konzentrierte Elektrolytlösungen – Thermodynamische und kinetische Eigenschaften
1972. 49 Seiten – 27 Abbildungen – 2 Tabellen – 8° – M 7,50

Heft 7 Prof. Dr. WOLFGANG TUTSCHKE, Konstruktion von globalen Lösungen mit vorgeschriebenen Singularitäten bei partiellen komplexen Differentialgleichungssystemen
1972. 24 Seiten – 8° – M 4,50

**Band 110**

Heft 1 Prof. Dr. Dr. h. c. PAUL GÖRLICH, Über die Laser und ihre Anwendung
1972. 24 Seiten – 8° – M 2,30 (*vergriffen*)

Heft 2 Prof. Dr. HASSO ESSBACH, Zum Problem der Tumoren im Kindesalter
1972. 24 Seiten – 11 Abbildungen auf 10 Kunstdrucktafeln – 8° – M 6,–

Heft 3 Prof. Dr. med. WALTER BREDNOW, Zur Anthropologie des Schwindels
1973. 17 Seiten – 2 Abbildungen auf 2 Kunstdrucktafeln – 8° – M 2,50

Heft 4 Prof. Dr. h. c. PAUL GÖRLICH, Betrachtungen über den Wissenschaftlichen Gerätebau
1972. 39 Seiten – 8° – M 3,–

Heft 5 Prof. Dr. ERICH RAMMLER, Einige Betrachtungen über Erdgas
1974. 43 Seiten – 8 Abbildungen – 3 Tabellen – 8° – M 4,50

Heft 6 Prof. Dr. GUSTAV E. R. SCHULZE, Zur Rolle des Einfachheitsprinzips im physikalischen Weltbild
1974. 23 Seiten – 4 Abbildungen – 8° – M 2,50

Heft 7 Prof. Dr. med. ROLF EMMRICH, Zwischen Leben und Tod. Ärztliche Probleme der Thanatologie
1974. 22 Seiten – 2 Abbildungen – 4 Tabellen – 8° – M 3,50

**Band 111**

Heft 1 Prof. Dr. WILHELM MAIER, Vom Erbe Bernhard Riemanns 1975. 16 Seiten – 8° – M 2,50

Heft 2 Prof. Dr. med. HANS DRISCHEL, Organismus und geophysikalische Umwelt
1975. 50 Seiten – 25 Abbildungen – 1 Tabelle – 8° – M 7,–

Heft 3 Prof. Dr. MARIA HASSE, Zum Begriff des allgemeinen Produkts von Kategorien
1975. 32 Seiten – 8° – M 5,–

Heft 4 Prof. Dr.-Ing. Dr. h. c. KURT SCHWABE, Analytische Probleme des Umweltschutzes
1975. 28 Seiten – 9 Abbildungen – 2 Tabellen – 8° – M 3,50

Heft 5 Prof. Dr. WOLFGANG BUCHHEIM, Die kopernikanische Wende und die Gravitation
1975. 36 Seiten – 2 Farbtafeln – 8° – M 5,–

Heft 6 Prof. Dr. HERMANN BERG, Photopolarographie und Photodynamie (*Vorliegendes Heft*)

Heft 7 Prof. Dr. MANFRED GERSCH, Probleme der Insektizide aus heutiger Sicht (*In Vorbereitung*)

*Einzel- oder Fortsetzungsbestellungen durch eine Buchhandlung erbeten*

*Sitzungsberichte bis Band 106*
*durch das Zentralantiquariat der Deutschen Demokratischen Republik, Leipzig,*
*ab Band 107 durch den Akademie-Verlag, Berlin, zum Teil noch lieferbar*

AKADEMIE-VERLAG
DDR-108 Berlin, Leipziger Str. 3–4

FSC
www.fsc.org
MIX
Papier | Fördert gute Waldnutzung
FSC® C083411

Zeitfracht Medien GmbH
Ferdinand-Jühlke-Straße 7
99095 Erfurt, Deutschland
produktsicherheit@kolibri360.de